U0064049

中國海洋夢

鄭和航海

鍾林姣◎編著
黃　捷◎繪

中 華 教 育

明朝時期，雲南昆陽州（今昆明晉寧）有個叫馬三保的孩子，他聰明好學、機敏過人。他的祖父和父親，都曾到過遙遠的麥加，帶回來很多有趣的見聞，他小小的心裏一直嚮往着外面大大的世界。

三保少年時入宮當了太監，後來因為立下了戰功，明成祖給他賜姓「鄭」，提升他為內官監太監。從此，馬三保改名為鄭和。

這時候的明朝，社會經濟繁榮，國家實力增強，尤其是造船和航海技術，更是達到了世界一流水平。

為了讓明朝威名遠播，與西洋各國加強往來，明成祖有了派遣使團出海的想法。

使團的欽差人選必須十分出色，誰能擔當此大任呢？明成祖想到了機智過人又忠心耿耿的鄭和。

鄭和被任命為使團的欽差，他終於可以去看小時候嚮往的大世界了。

經過幾年的準備，一個有二萬七千多人、六十多艘海船的大船隊組成了。

鄭和率領船隊，開始了
前往西洋的遠航。

海船巨大瑰麗，艦隊在海上浩浩蕩蕩航行，非常壯觀。

在二十多年的時間裏，
鄭和先後七次遠航西洋。

　　每到一個地方，鄭和都受到當地人民的熱烈歡迎和友好接待，也留下了許多精彩的故事。

有一次，船隊需經過馬六甲海峽，鄭和聽說海上有一夥海盜，首領叫陳祖義。他們在大海上橫行霸道，無惡不作，商船和當地百姓深受其害。

鄭和想為百姓除害，他先給陳祖義寫了一封信，勸告陳祖義投降。

陳祖義早就盯上了鄭和船隊，知道上面有許多金銀珠寶。他看到鄭和的信，表面上答應投降，實際卻暗暗地計劃在黑夜裏進行偷襲。

　　一個漆黑的夜晚，十幾艘海盜船悄悄地靠近鄭和船隊。陳祖義看船隊沒有加強防備，以為自己的搶劫計劃就要成功了。

　　就在海盜船靠近鄭和船隊，陳祖義得意洋洋之時，船隊的桅杆上升起了一盞盞紅燈籠，船上亮起了一片火把，海面上頓時燈火通明。

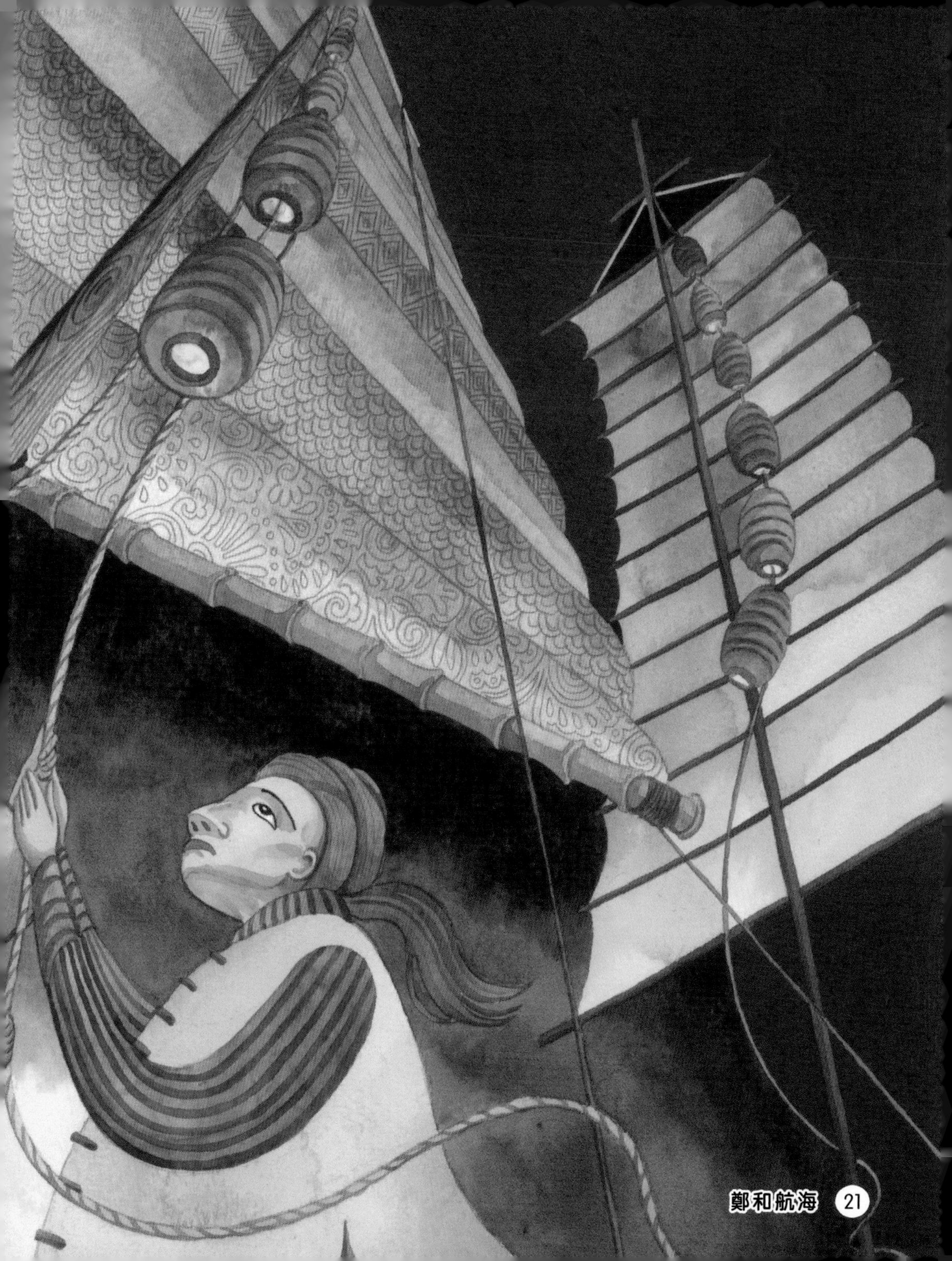

陳祖義和海盜們愣住了，慌張地四處張望，才發現自己已經被鄭和船隊包圍。

其實，海盜們的偷襲計劃鄭和早已知道，他正等着陳祖義和他的海盜們自投羅網呢！

陳祖義一看情況不妙，想要逃走。

鄭和從容指揮，不到一個時辰，就抓住了陳祖義，消滅了其餘的海盜。

百姓們不再受海盜的迫害，十分感激鄭和。

鄭和七次航海，足跡遍佈三十多個國家和地區，最遠到達非洲東岸和紅海海口。

鄭和每次出海歸來，都有許多國家的使團跟著他一起來訪。他還帶回了許多當地的特產與珍禽異獸，如胡椒、硫黃、象牙及獅子、駝鳥、長頸鹿等。

明成祖曾特地書寫碑文，樹立石碑，表彰鄭和航海的功績。

三保大人

現在許多地方，比如印尼爪哇的三寶壟、印度的古里等都還保留着有關鄭和的遺跡。

腳踏實地，夢想開花

夢想是要孕育的。當從父輩那裏獲取到異域世界的新奇見聞，鄭和幼小的心裏一定會升騰起探究遠方的強烈渴望。成長環境、親人的言行，都對孩子理想芽苗的栽培與澆灌、對其人生發展方向的引導起着至關重要的作用。

就像植物的生長離不開陽光、水分、土壤和空氣那樣，夢想要實現，離不開客觀環境和具體的時空條件。像鄭和這一次次得以展開的海上航程，就得益於當時中國足夠強大的國力、世界一流的造船業和航海技術以及當政者的開闊胸襟。

人沒有夢想不行，可實現夢想不易。誰都知道，把夢想和現實放在一起，那可是豐滿和骨感的對比。因此，一定有人會羨慕鄭和有福氣，小時候夢想着到外面的大世界，長大後皇帝就派給他這個美差，實現夢想不費吹灰之力。的確，夢想得以實現是離不開機會的。不過，機會之所以會降臨到鄭和頭上，那是因為他平日裏為人可靠，忠心耿耿，有勇有謀。而且，因為積累了足夠的經驗，歷次出使都有好的表現和結果，鄭和才會在二十多年間先後七次下西洋。鄭和能當此大任，那靠的都是自己平時的人品啊。認認真真做人，踏踏實實做事，一步一個腳印，才會自然而然通向夢想之路。

夢想的實現，肯定不會一帆風順，會遇到各種意想不到的麻煩，夢想者要為此付出相當艱辛的努力。管理差不多三萬人的龐大船隊，與西洋各個國家和地區建立並保持睦鄰友好關係，為一方人民造福除害，這都需要足夠的智慧和擔當。做人要厚道，待人要真誠，可不意味着不長心眼兒、沒有原則啊。對敞開胸懷的朋友當然要以誠相待、好禮相送，對心懷不軌的敵人就要冷靜應對、小心提防。人要有明辨是非之心，要善於識別好壞、判斷善惡，這樣才能更好地保護自己。

繪本一直保持着活潑靈動的風格。首幅畫面就虛實相生，載着祖父和父親走向遠方的船或馬居然不是照搬實物形象，而是摺紙！看起來不可思議，細想想，卻合情合理。那畢竟是年幼的沒有太多經歷的鄭和根據自己有限的經驗而對未知世界所能達到的最大想像限度。這童稚的視角、橫生的妙趣貫穿繪本始終：海盜們惹人發笑的滑稽做法、海盜船對寶船的眾星拱月之勢、富遊戲色彩的正邪對決場面、鄭和帶回國的駝鳥和長頸鹿……文字無法抵達的地方，畫面不但觸及到了，還有延伸，為讀者理解世界和想像飛升提供了另外一種可能。展開繪本，那一幅幅有無相生、意味無窮的畫面會讓爸爸媽媽體會到重回童年的樂趣，也一定會催動小讀者的夢想之船揚帆啟航！

俞世华

著名兒童文學評論家

鍾林姣 ◎編著
黃　捷 ◎繪

責任編輯：梁潔瑩
裝幀設計：龐雅美
排　　版：龐雅美
印　　務：劉漢舉

出版 / 中華教育

香港北角英皇道 499 號北角工業大廈 1 樓 B 室
電話：(852) 2137 2338　傳真：(852) 2713 8202
電子郵件：info@chunghwabook.com.hk
網址：http://www.chunghwabook.com.hk

發行 / 香港聯合書刊物流有限公司

香港新界荃灣德士古道 220-248 號荃灣工業中心 16 樓
電話：(852) 2150 2100　傳真：(852) 2407 3062
電子郵件：info@suplogistics.com.hk

印刷 / 迦南印刷有限公司

香港新界葵涌大連排道 172-180 號金龍工業中心第三期 14 樓 H 室

版次 / 2022 年 1 月第 1 版第 1 次印刷

規格 / 16 開（206mm x 170mm）

ISBN / 978-988-8760-58-9

本書繁體版由大連出版社授權中華書局（香港）有限公司在香港、澳門、台灣地區出版